中国科学院物理专家 周士兵 编写
星蔚时代 编绘

中信出版集团 | 北京

图书在版编目（CIP）数据

万物间的作用：力与运动 / 周士兵编写；星蔚时代编绘. -- 北京：中信出版社，2024.1（2024.8重印）
（哈！看得见的物理）
ISBN 978-7-5217-5797-2

Ⅰ.①万… Ⅱ.①周… ②星… Ⅲ.①力学－少儿读物②运动学－少儿读物 Ⅳ.① O3-49

中国国家版本馆 CIP 数据核字 (2023) 第 114405 号

万物间的作用：力与运动
（哈！看得见的物理）

编　　写：周士兵
编　　绘：星蔚时代
出版发行：中信出版集团股份有限公司
（北京市朝阳区东三环北路27号嘉铭中心　邮编　100020）
承 印 者：北京启航东方印刷有限公司

开　　本：889mm × 1194mm 1/16　　印　　张：3　　字　　数：150千字
版　　次：2024年1月第1版　　印　　次：2024年8月第3次印刷
书　　号：ISBN 978-7-5217-5797-2
定　　价：120.00元（全5册）

出　　品：中信儿童书店
图书策划：喜阅童书
策划编辑：朱启铭 由蕾 史曼菲
责任编辑：房阳
特约编辑：范丹青
特约设计：张迪
插画绘制：周群诗 玄子 皮雪琦 杨利清
营　　销：中信童书营销中心
装帧设计：佟坤

目录

1 / 力与运动

F
动
浮

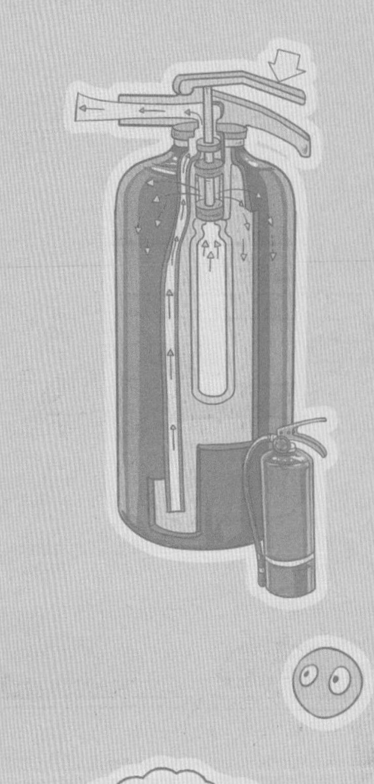

力与运动

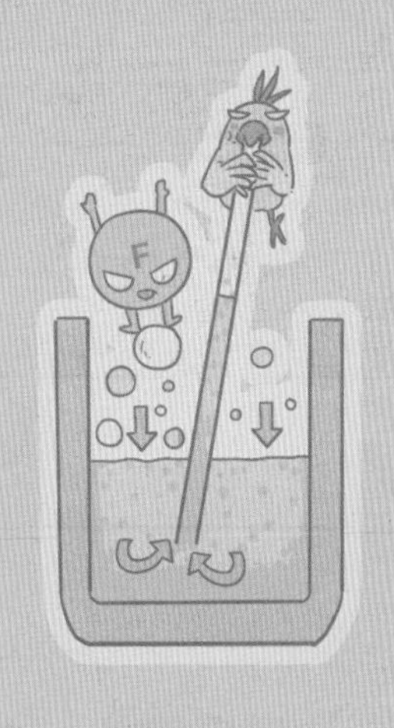

我们生活的世界新奇而有趣，因为映入我们眼帘的事物总在变化和运动，而我们也在行走、奔跑、跳跃……用自己的力量成为万物运动中的一分子。不过，你有没有思考过这样的问题：我们使用的力和我们的运动有什么关系？物体为什么会运动？是什么在驱使万物运动？我们又该如何控制这些运动？让我们从最简单的运动开始，了解世界运转的秘密，以及和运动息息相关的力的故事。

万物永不停息？物体的运动

什么是运动？

来运动一下，玩玩滑板吧。
哈哈，我就叫“运动”。这是我的好朋友——力，我们总是形影不离。
你好！
运动，你是体育健将吗？
哈哈，物理学家用我来描述物体的一种状态。

你看，在你滑滑板时，从位置A滑到了位置B。在这段时间你的位置变化了，可以称作机械运动。
A
B
河流中的水、天上的飞机、草丛中的昆虫、地上跑动的人、行进的汽车……位置都在变化，所以我们都可以称他们在做机械运动。

运动还是静止？

运动太简单了，不用学物理我都懂。
那我考考你，你现在是运动的还是静止的?
我一动不动，我就是静止的。
对也不对。
为什么？
哈哈，上当了。
因为确定物体是运动还是静止首先要确定参照物。
如果以汽车为参照物，你的位置没有变化，你就是静止的。
但如果以地面为参照物，因为汽车一直载着我们移动，所以我们都是运动的。
物体的运动和静止都是相对的，在确定物体的运动状态前一定要确认参照物。

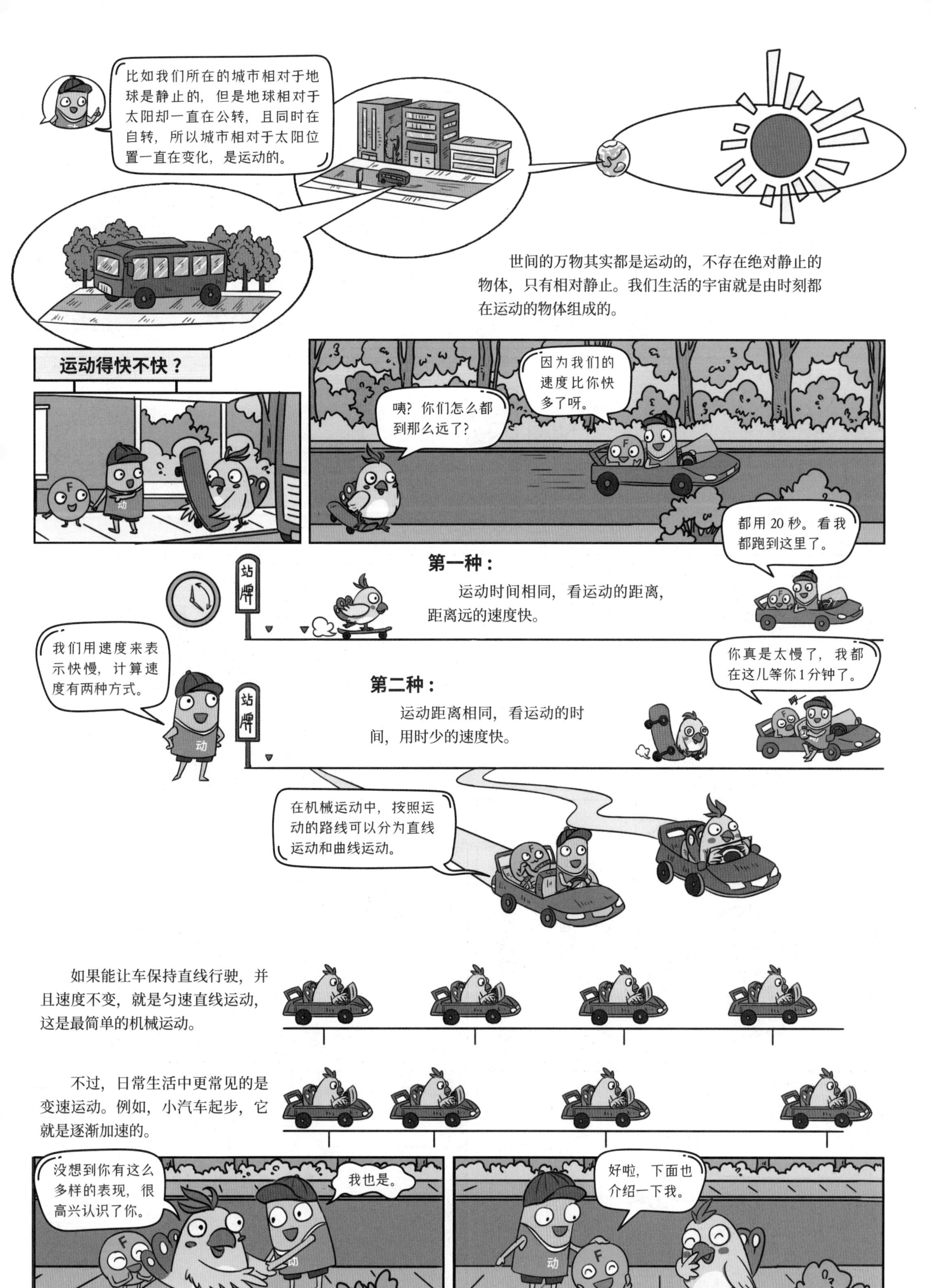
比如我们所在的城市相对于地球是静止的，但是地球相对于太阳却一直在公转，且同时在自转，所以城市相对于太阳位置一直在变化，是运动的。
世间的万物其实都是运动的，不存在绝对静止的物体，只有相对静止。我们生活的宇宙就是由时刻都在运动的物体组成的。
运动得快不快？
咦？你们怎么都到那么远了？
因为我们的速度比你快多了呀。
我们用速度来表示快慢，计算速度有两种方式。
第一种：
运动时间相同，看运动的距离，距离远的速度快。
都用20秒。看我都跑到这里了。
站牌
第二种：
运动距离相同，看运动的时间，用时少的速度快。
你真是太慢了，我都在这儿等你1分钟了。
站牌
呼~
在机械运动中，按照运动的路线可以分为直线运动和曲线运动。
如果能让车保持直线行驶，并且速度不变，就是匀速直线运动，这是最简单的机械运动。
不过，日常生活中更常见的是变速运动。例如，小汽车起步，它就是逐渐加速的。
没想到你有这么多样的表现，很高兴认识了你。
我也是。
好啦，下面也介绍一下我。

各种各样的力
认识一下力
其实对于我，你可能既熟悉又陌生。
四处走走，你会发现我无处不在。
工地有很多力的存在吗？
当然!
看，那边的推土机在推土。
真有趣!
起重机吊起重物。
好高……
挖掘机在挖掘地面。
挖得好快。
卡车在运送材料。
其实我们描述这些现象时所说的动词，都是在说力的作用。
推
吊
挖
运
它们的力气都好大呢。
正因为有这么多灵活利用力的机械，我们才能建造出这么好的体育馆呢。
哇！好快好棒！
篮球馆中也有很多力的存在。
哇，我们进去玩玩吧。

打球也有力的作用吗?
当然!

比如我们抛接这个球，这种物体与物体直接接触产生作用的力叫机械力。

哇!厉害!

这次投篮中不仅有机械力。

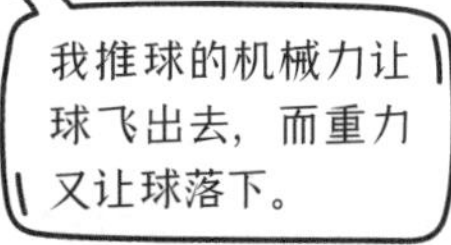
也有一些其他的力，比如重力。重力会把一切物体拉向地面。

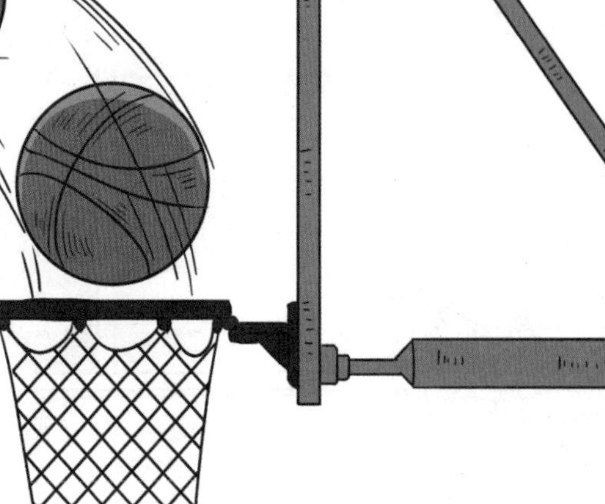
我推球的机械力让球飞出去，而重力又让球落下。

我是重力。

力都能做什么?

嘿，你们在这儿玩呢。你对这个沙子用力的效果不错嘛。

这也和力有关吗?

当然！力是一个物体对另一个物体的作用，这种作用会产生各种效果。

我来给你们示范一下。

你看，我用力压这个桶，把这个桶压变形了。

我们堆沙堡就是用力在改变沙子的形状。

力还有一种效果就是改变物体的运动。

比如，我们可以用力踩踏板让这个自行车跑得更快。

或者我们可以用力来改变这辆车的行驶方向。

力可以改变物体的运动，让它运动或静止，加速或减速，还可以影响运动的方向。
再刺激一点！
慢点，我要吐了……
呃！
你好弱啊！

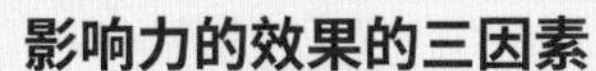

力的大小对效果的影响显而易见，投石机的力比我的大，造成的效果就明显。

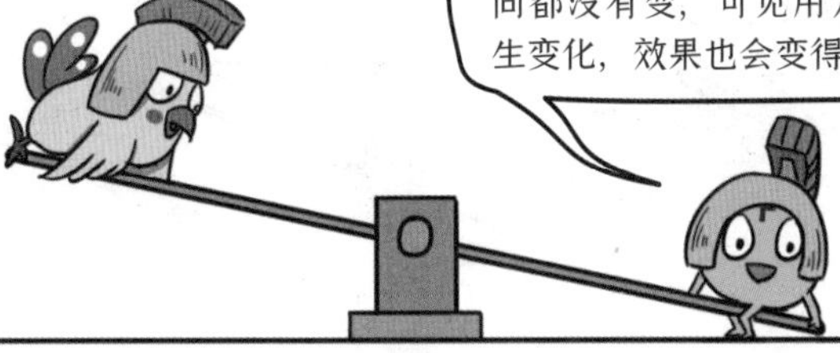

亲密无间的好兄弟——力与运动

我在推动滑板时用的力都是相同的，却有不同的结果。
这是因为地面不同，阻力不同，阻力越小，滑板滑得越远。
那没有阻力会不会一直运动下去呢？

著名物理学家伽利略也做了类似的实验，他得出了同样的猜想。

后来，英国著名的物理学家艾萨克·牛顿仔细研究和总结了伽利略等科学家的说法，概括出了一条物理规律，也就是著名的牛顿第一定律。
牛顿第一定律：
一切物体在没有受到力的作用时总保持静止或匀速直线运动状态。

明白了牛顿的理论，我们就能分析出射出的箭运动的原因了。
弓弦提供了箭运动的动力，离弦后，如果没有阻力的话，箭会一直匀速向前飞。
不过因为有重力和空气阻力，箭还是会落到地上。

那我还有一个问题，比如这支箭，它即使落在地上也还会受重力吧，但它为什么不一直深入地下，反而是静止在一个地方呢？

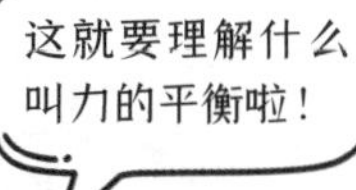

这个问题问得好。
这就要理解什么叫力的平衡啦！

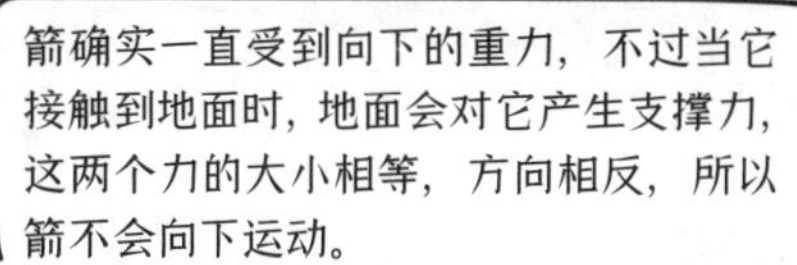
箭确实一直受到向下的重力，不过当它接触到地面时，地面会对它产生支撑力，这两个力的大小相等，方向相反，所以箭不会向下运动。

再比如说行驶的汽车，你看我现在以 60 千米 / 时的速度匀速前进。

这时车会受到如空气阻力、滚动阻力等一系列的阻力。
不过车的发动机提供了前进的动力，当这个动力与阻力相平衡时，车就会保持匀速前进啦。

有了我，运动才会改变。
所以我们才形影不离。

不想变化——惯性

休息的时候就变得不想动啊。
打开电视就会习惯点开自己常看的频道。
世间的万物其实都很相像。
什么意思?
万物都想要保持自己原有的状态，静止的物体想要保持静止，而运动的物体则想要继续保持原有的运动状态。
我们做的滑板实验，让滑板一直前进的就是惯性。
惯性会让运动中的物体趋向于保持原来的方向和速度运动下去。
所以如果没有重力和空气阻力，这架纸飞机就会一直向前飞。
惯性是一种简单的性质，它只与物体的质量有关，质量越大的物体惯性越大。
质量是物体的一种属性，地球上的物体，质量越大，受的重力越大。
动
F
商店

为了防止车辆减速、突然停止时，乘客因惯性前移而造成伤害，人们发明了安全带将司机和乘客固定在座位上。

惯性在生活中无处不在。
比如在没有摩擦的理想条件下，推动这个皮球很容易。
因为它质量小，惯性小。
但是想推动这个大铁球可就难多了。
因为它的质量太大了，惯性大得多。
简直像我胖了一样，越胖越不想动。
动
运动中的物体，相同速度的情况下，质量小的很容易停下来。
F
动
质量大的想让它停下来就困难多了！
生活中真是到处都有知识的应用啊。
明白了惯性，你就能看到生活中处处有惯性的作用，哪怕只是在生活中的一瞬间。

当行驶的车辆刹车时，车上乘客的上半身还是以原来的速度保持运动，而身体与汽车接触的部分却和汽车一起减速，所以身体会向前倾。

这辆车的质量很大，惯性也很大，紧急制动时可以看到车辆明显前倾，因为此时车身还想要保持运动。

质量小的车惯性小，质量大的车惯性大，所以重一些的车需要制动力大一些的刹车。

想要保持自我的弹力

你又在做什么呢？
看你累得满头大汗。
我想给小车做个弯曲的拱桥轨道，但是这个竹板就是不听话。
每次我想弯曲它，它就和我对着干……哎呀！
那是因为竹板不想变形，要恢复原样，物体都有这样的性质。
我们用力把物体拉长、缩短、弯曲……想要改变它时，物体都会试图恢复原来的样子。这种性质叫弹性，在恢复中产生的力就是弹力。
是不是感觉我拉的越远，弹簧上的力量越大？
因为形变程度越大，产生的弹力就越大。
弹力可以说是人类应用得最早也是最普遍的力之一。
记得弓箭吗？它就是利用弓变形后产生的弹力为箭提供飞行的动力。
我们可以用形变的程度来测量力的大小。你看，弹簧测力计拉动到数字1，说明拉力有1牛顿。
牛顿是力的单位，简称为牛(N)，1牛大概就是用手托起两个鸡蛋所需要的力。
物体从变形到恢复需要一段时间，这期间可以持续释放弹力，所以一些机械会用弹力作为动力源，比如我们常见的发条玩具。

当我们拧动发条时，会旋转其中的盘簧片，让它卷起来。
松开发条后，变形的盘簧片开始复原展开，带动齿轮旋转，弹力就传动到玩具的腿上。
这个玩具行走的动力来自身体中的发条盒。
动
那我要怎么战胜弹力把竹子弯成桥呢？
其实你不应该用竹子。
弹性是物体的一种性质，弹性大，就很难保持弯曲状态。
这个竹板弹性就很大，你不容易把它折成桥。
而且弹性也有极限，超过极限，竹子就折断了。选择弹性合适的材料做东西才更科学有效呢。
累死了，我认输……
F

随处可见的弹力应用

在生活中有很多利用“物体试图恢复原状的力”——弹力所制成的东西。例如气球，它就是用有着优秀弹性的橡胶制成的，这是一种最容易与弹性应用联系在一起的原料。而一些金属虽然不能像橡胶一样可以大幅度地伸缩变形，但它们被制作成特殊的形状，成为弹簧，也有着优秀的弹性。有的善于应对压缩，有的善于应对拉伸。日常中我们见到的大多数弹簧都是钢制的。

橡胶制成的气球因充气产生形变而膨胀得很大。

如果没有封好气球的口，气球的弹力会把空气压出去。

当鼓槌敲击鼓面时，鼓面会拉伸变形，产生弹力。因为鼓面回弹振动，就发出了声音。

敲鼓时能感受到鼓槌被弹回。

汽车悬架

汽车的车轮通过悬架来固定在汽车上，即使遇到颠簸的陆面，也可以用弹簧的形变来减轻车辆的颠簸。

在圆弹簧中有减震器，它是一个装有油的活塞筒，当圆弹簧压缩时，活塞筒跟随运动，筒中的油会上下移动，以此来减缓弹簧形变的速度和次数，从而减少车辆颠簸的程度。

圆弹簧可以压缩和回弹，用来吸收地面的颠簸。

发夹中的板弹簧

将金属制成弯曲的薄板就是板弹簧，它可以弯曲后回弹，漂亮的发夹中就使用了板弹簧。

板弹簧悬架

一些用于运输的车辆会使用板弹簧结构的悬架，在应对颠簸方面，它们的舒适度不高，但是有着更好的承重能力。

这里的板弹簧由一组堆叠在一起的微微弯曲的条状钢板组成，以钢板的形变来吸收颠簸。

橡胶制成的轮胎有很好的弹性，可以一定程度吸收地面的冲击，轻微的形变也可以应对不平整的地面。

车轮轴和减震器固定在板弹簧中间或靠近中间的位置。

摇摇马的下端连接着弹簧，可以靠弹力来回摆动。

有些蹦床由富有弹性的布面制成，靠布面回弹的弹力来帮助人们蹦起来。还有些蹦床则用拉伸弹簧连接，靠弹簧收缩的弹力来帮助蹦跳。不管是哪种蹦床，小朋友在玩的时候都要注意安全哟。

扭转弹簧

扭转弹簧（扭簧）是相邻圆圈有间隙的金属丝，它可以压缩变形，提供向外的弹力。

夹子的中间放有扭转弹簧，弹力会让夹子前端咬合在一起，以便夹住物体。

运动鞋的鞋底用橡胶制成，在接触地面时可以轻微收缩，减少地面反冲力造成的疼痛，同时橡胶的弹力可以让步伐感觉更轻盈。

产生重力的原因——万有引力

据说那是牛顿 24 岁的时候，那天他正在一棵苹果树下休息。

一颗苹果正巧就落了下来。

这本是一个再平常不过的情景，却引起了牛顿的思考。

苹果为什么会“落下”呢?

可能有人会想，苹果落下是受到地球的吸引。

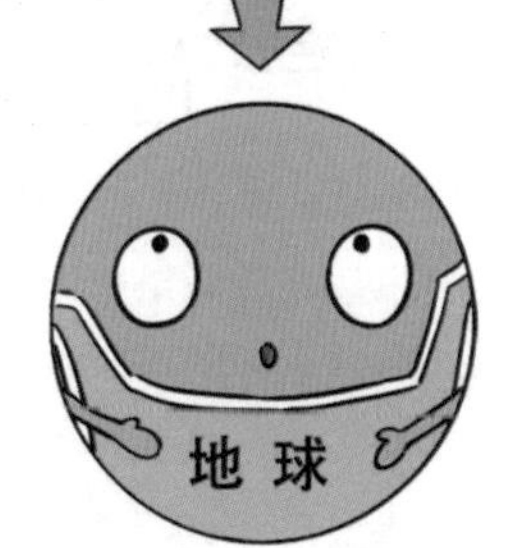

而牛顿还在思考地球是不是也被苹果吸引呢?

紧接着，牛顿又想到月球绕着地球运动，是不是也与苹果落下的原因相同。

月亮为什么会围着地球运动呢?
地球

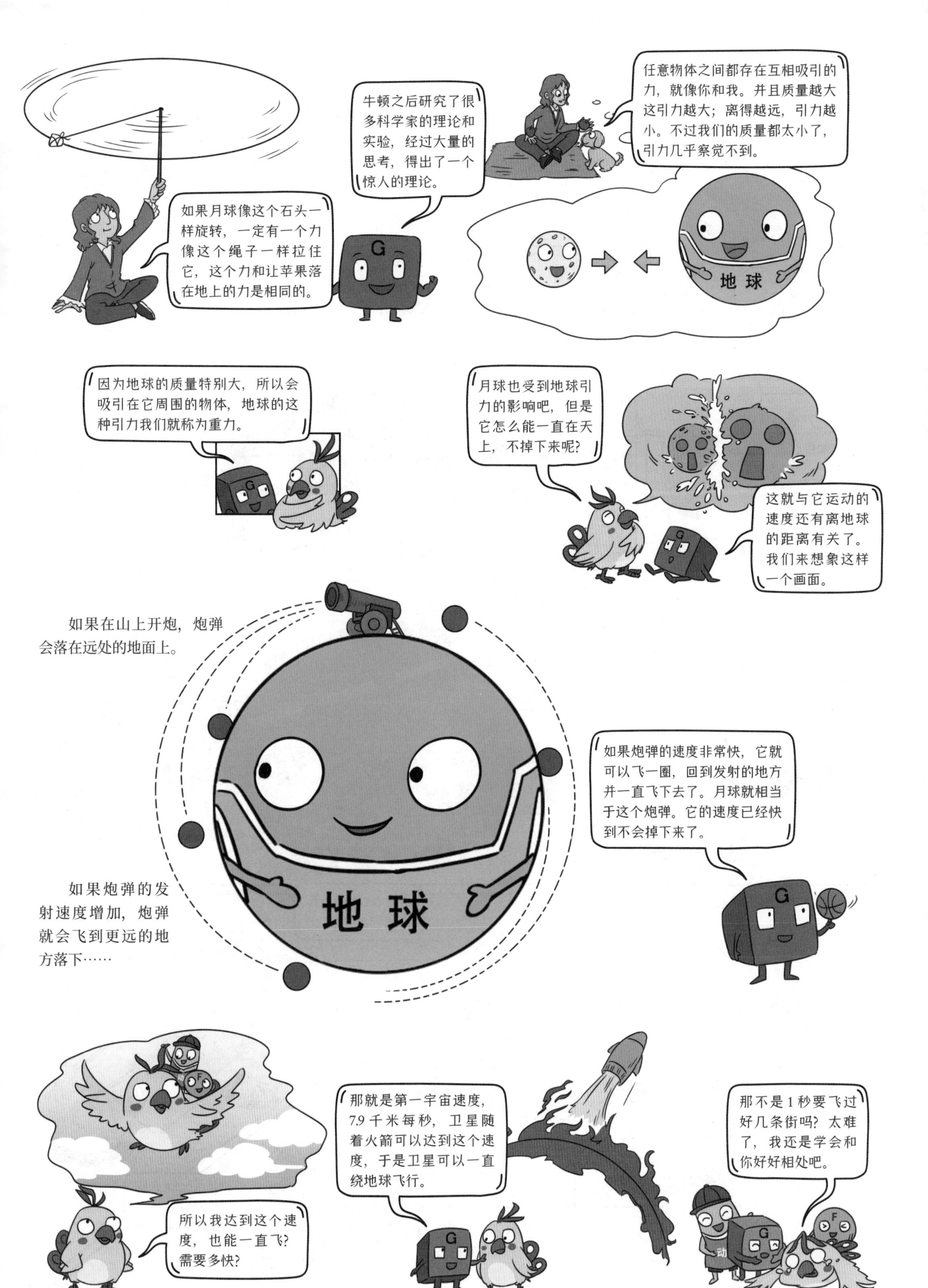
如果月球像这个石头一样旋转，一定有一个力像这个绳子一样拉住它，这个力和让苹果落在地上的力是相同的。
牛顿之后研究了很多科学家的理论和实验，经过大量的思考，得出了一个惊人的理论。
任意物体之间都存在互相吸引的力，就像你和我。并且质量越大这引力越大；离得越远，引力越小。不过我们的质量都太小了，引力几乎察觉不到。
地球
因为地球的质量特别大，所以会吸引在它周围的物体，地球的这种引力我们就称为重力。
月球也受到地球引力的影响吧，但是它怎么能一直在天上，不掉下来呢？
这就与它运动的速度还有离地球的距离有关了。我们来想象这样一个画面。
如果在山上开炮，炮弹会落在远处的地面上。
如果炮弹的发射速度增加，炮弹就会飞到更远的地方落下……
地球
如果炮弹的速度非常快，它就可以飞一圈，回到发射的地方并一直飞下去了。月球就相当于这个炮弹。它的速度已经快到不会掉下来了。
所以我达到这个速度，也能一直飞？需要多快？
那就是第一宇宙速度，7.9千米每秒，卫星随着火箭可以达到这个速度，于是卫星可以一直绕地球飞行。
那不是1秒要飞过好几条街吗？太难了，我还是学会和你好好相处吧。

有用的“麻烦精”——摩擦力

你这是在锻炼身体吗？
当然不是，我想把玩具搬到新家，没想到这么辛苦。
当然辛苦啦，看你这个搬法，说明你就完全没明白和这家伙相处的方法嘛。
谁？
嗨，你好。
这是我另一个亲戚——摩擦力。
你是谁？
你是从哪儿出现的？为什么要妨碍我拉箱子呢？
因为你的箱子与地面接触并滑动，就产生了我——滑动摩擦力。
因为物体与物体之间的接触面总会有点粗糙，阻碍滑动，所以我的存在不可避免。
既然不可避免，那我只能继续拉了。
来，先加点重量。
放心吧，我们现在教你如何改变摩擦力的大小。
哈哈，我变大了。
更费力了啊！
再给地上铺一张粗糙的地毯吧。
嘿嘿，我越来越大了。
太累了，我拉不动了。

决定摩擦力大小的因素之一：

摩擦力与接触面所受的压力有关，压力越大，摩擦力就越大。

决定摩擦力大小的因素之二：

摩擦力与接触面的粗糙程度有关，接触面越粗糙摩擦力越大。

你们完全是帮倒忙啊！
说教我改变摩擦力大小，为什么都是变大啊！
这是让你切身体会，深刻理解，理解了其中的关系就有办法了嘛。
稍等，我们再改造一次。
哈哈哈，我缩小了。
加了这些氢气球，压力变小了。
轮子是对抗摩擦力的好帮手，它可以转动来减小摩擦力。
哈哈哈，摩擦力变小了，真是太棒啦！摩擦力都变成零吧！
那可不行，你的生活少不了我。你看，你的脚能够向前走，手可以抓住绳子用力都是因为有我。
平板车用小轮减小摩擦来搬运物品。
自行车轮胎与地面摩擦让自行车前进。
汽车有更宽大的轮胎让它可以获得更多摩擦力来前进。
没有我，世界上的物质就无法正常互相产生作用了。有时加大摩擦力，有时减小摩擦力，才能让生活更加方便。
你还真是一个可爱的小麻烦精啊。
小猫的爪子与斜坡产生的摩擦力，让它可以安心地向上爬。

促进发明的摩擦力

摩擦力是生活中最常见的力之一，也是时刻都在我们身边发挥作用的力之一。它既是我们生活中必需的帮手，也会制造各种各样的麻烦。有了它，我们才能正常对其他物体产生影响，但是它有时又会增加不必要的阻碍，浪费能量，甚至磨损接触的物体。人类为了利用和减少摩擦创造出了众多有趣的发明。

用摩擦力制动的刹车卡钳

刹车片与刹车盘发生接触产生摩擦力，压力越大摩擦力越大，有了摩擦力，车辆就可以刹车了。

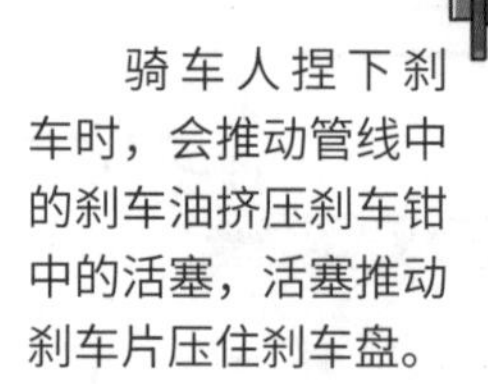

骑车人捏下刹车时，会推动管线中的刹车油挤压刹车钳中的活塞，活塞推动刹车片压住刹车盘。

"踩"着空气的气垫船

充气衬垫呈曲线形罩在船体底部。未充气时，它是瘪瘪的；当有空气吹入时，它会像轮胎一样鼓起来。不过它的下面并不是封死的，可以让空气从下部排出去。

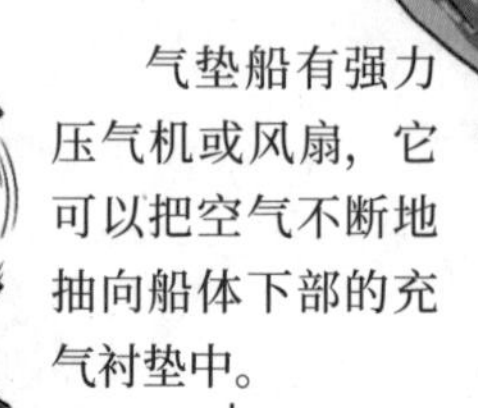

气垫船有强力压气机或风扇，它可以把空气不断地抽向船体下部的充气衬垫中。

大量的高压空气从充气衬垫底部吹出，就把船身顶了起来，船底与地面或水面没有直接接触，中间是空气层，所以摩擦力非常小。

气垫船特殊的工作原理可以让它在沼泽、冰雪和礁滩等特殊地形上行驶，是军事中理想的登陆作战装备。

因为不与地面或水面接触，气垫船的前进动力由船身上的风扇提供。得益于阻力非常小，用风扇推进的气垫船也可以以很快的速度前进。

小实验

筷子吊米瓶

找一个瓶口比较小的瓶子，在里面装满米。

将一根筷子插入米中，再将筷子周围的米用手压一压。

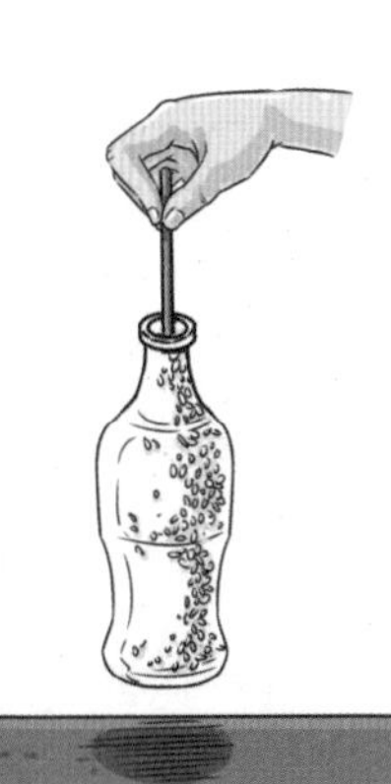

拿住筷子慢慢往上提，筷子不会被拔出来。用这个方法甚至可以吊起很重的瓶子。

原理

这是因为米粒被紧实地压在了筷子周围，产生了足够大的摩擦力。

登山时穿的登山鞋的鞋底纹路深而复杂，可以增加登山时的摩擦力。

你听说过磁铁同极相互排斥，异极相互吸引的现象吧，磁悬浮列车就是应用了这种原理的一种新型列车。

停在空中的磁悬浮列车

在列车底部和导轨上安装电磁铁，通过电流让电磁铁产生磁力就可以让列车悬浮起来。

悬空的车身不与轨道接触，与导轨间没有摩擦力，这样一来，如此巨大而沉重的车身甚至几个小学生都可以推动。

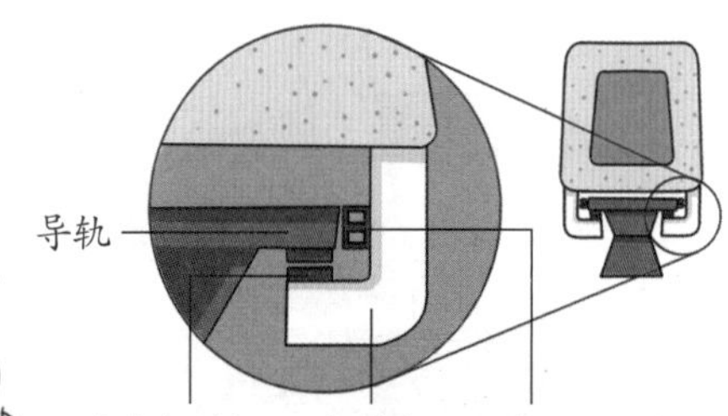

当车辆想要前进时，电脑会控制导向电磁铁的磁极，用不同磁极的引力或相同磁极的斥力使车辆向前，电磁铁可以快速切换磁极让车辆飞速行驶。制动也同样通过电磁铁完成。

因为没有与轨道接触，磁悬浮列车不仅速度快，并且噪声小，也不会像传统列车那样产生颠簸。

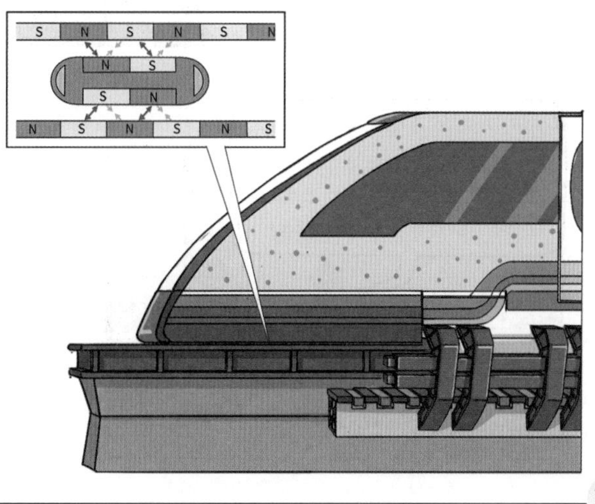

让作用力效果大不同——压强

这新品奶茶真好喝!
插不进去……
你还不喝啊。
坑人的吧!这个吸管根本不能用。
并不是吸管坏了，而是你用的方法不对。
这是什么魔法吗?
并不是魔法，只是压强的作用而已，吸管两头的形状并不相同，用对了才能事半功倍。
你看，这个尖尖的头与奶茶盖表面接触的面积很小，在用同样大小的力压吸管的情况下，力全部作用在这一个小小的接触面上，效果就会很强。
你刚才使用的是扁平的一头，吸管与封膜表面的接触面积比较大，如果我们还用同样的力来压封膜，压力就分散到接触的一圈上了。这样用力的效果就大打折扣，无法做到一点突破。
压力作用的效果不仅与力的大小有关，也与接触面的面积有关，物理学上把压力与接触面面积的比叫作压强。
同等压力大小下，接触面的面积越大，压强越小。
接触面的面积越小，压强越大。

任何物体的承受能力都有限度，一旦压强太大，物体就会损坏。我们用手按压气球，压强小，所以气球不会坏。
但是如果换成针，那与气球的接触面只有一个点，用同样的力，压强非常大，气球一下就坏了。

在自然演变中，许多生物早就已经在应用压强的原理了。
真的吗？

小小的蚊子的口器如头发丝一样，谈不上坚硬。但是它非常细，所以压强大，可以轻松刺穿人和动物的皮肤。
难怪这小东西这么厉害！

再例如沙漠中行走的骆驼，它的蹄子是有两个脚趾的肉蹄，面积大，不容易陷入沙子中。

我的脚趾窄窄的，似乎就不行了。
哎呀，我陷进去了，快拉我一把！
!!

总而言之，压强是一个与我们生活息息相关的概念，理解压强，才能更好地应用力。

明白了，我再也不会被吸管难倒啦！

小实验

吹气把你抬起来

1. 找一个大塑料袋，如垃圾袋。上面放上一块结实的大木板。

2. 把木板的一端垫起来，然后一个人坐在木板上，另一个人向塑料袋中打气。

3. 随着塑料袋中的空气变多，塑料袋鼓起就会把人和木板顶起来。

原理

如果让人直接站在塑料袋上，压力会集中在脚上，那样压强过大，塑料袋即使变形、坏掉，也无法把人举起来。当人坐在木板上后，木板与塑料袋的接触面积很大，压强较小，所以可以把人顶起来。

控制压强的威力

根据压强的定义，我们知道了改变压强的方式。想要增大压强时，我们可以加大压力或减小接触面面积；想要减小压强时，可以减小压力或增大接触面面积。灵活变化这两点，我们可以应对生活和工作中的各种需要。

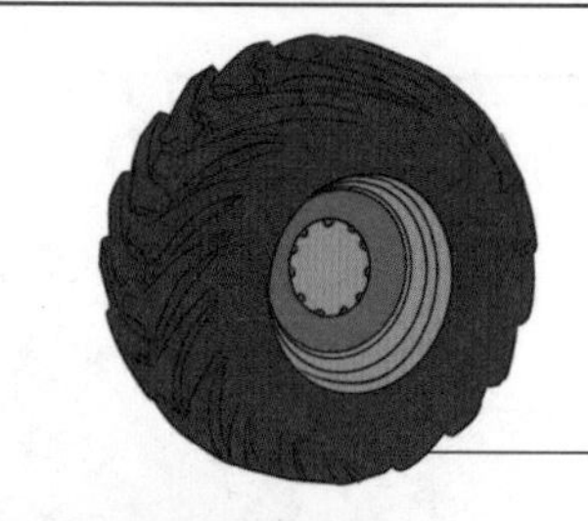

为了可以在农田间松软的土地上工作，拖拉机都有较为宽大的车轮，这样可以减小压强，防止轮子陷入泥土中。

拖拉机使用犁地机进行翻土作业，犁地机的铁轮很薄，在接触面有较大的压强，可以轻松插入泥土内，从而在移动中完成翻土作业。

在田间耕耘的拖拉机

拖拉机大多为后轮驱动，因为后轮要输出非常大的动力，所以比前轮大，尺寸都很夸张，这样能增大摩擦力，并且在压力较大的情况下尽量减小压强，防止陷入泥土中。

拖拉机的前轮是导向轮，会比后轮小很多，这样可以减小阻力，方便转向。
轨枕最开始为木质，现在已经改为混凝土。

承重的铁轨

火车也是一种常见的交通工具，它的载重量大，可以运输很多货物。火车的自重很大，难道不会对地面造成损坏吗？这其中的秘密就在铁轨上。

铁轨由两根平行的轨道组成，在轨道下面排列着很多轨枕。这些轨枕可以把火车作用在铁轨上的压力分散开，减小压强。

在传统铁路下铺有碎石，它们也可以有效分散压力，并且可以方便排水。这些碎石的形状都是不规则的，这样不容易因铁轨的震动产生位移。

在雪地中飞驰的摩托

雪地摩托是为了应对雪地这种特殊场景而设计的交通工具。在一些积雪很深的地方，如果步行，脚会很容易陷入雪中，驾驶雪地摩托就不会有这样的烦恼。

雪地摩托的前端滑板非常光滑，阻力小，可以轻松在雪上滑行。
前轮变成了滑板，接触面较大的面积使压强较小，不容易陷入雪中。
后轮为履带。相比于轮胎，它下面的接触面特意处理成平面，接触面面积很大，并且履带可以很好地附着在雪地上提供动力。
施工用的风镐尖端窄小压强很大，可以破拆地面。

稳定而精密的高铁

虽然高铁的铁轨使列车运行平稳，让乘客感觉舒适，但是它承重能力有限，所以高铁以载人为主，并且车厢数量也有限制。

你观察过高铁的铁轨就会发现它没有铺碎石。它的轨道底座是混凝土结构，也可以分散压力。

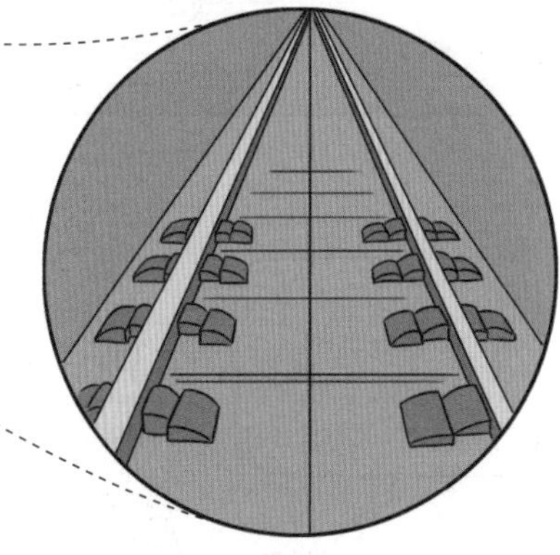

因为高铁速度快，要使用更加稳定地焊接在一起的铁轨，所以底座为混凝土结构。并且碎石可能会被高速行驶的列车卷起，打伤列车。

小知识

改变世界的火车

火车是英国人在 19 世纪发明的，开始仅用于炼钢厂和采矿场。后来逐渐从货运拓展到客运领域。当时以蒸汽机车为牵引动力的火车是世界上可载货量最多、最方便的交通工具，极大地促进了社会发展。为了普及火车，人们把铁轨修到了世界各地。

越深越危险——液体压强

近日，海洋学家使用最新型的科研潜艇对深海展开新一轮探索。
在考察中，科学家拍摄到了很多珍贵的深海动物画面，这里是地球上的秘境，依然隐藏着很多未知的事物……
秘境？我也要去。

你这是要去水上乐园吗？
不，我要去深海探险。

以你这样的装备可去不了深海。

为什么？
你会被深海的水压压扁的。

水压，那是什么？

我们用这瓶水来说明吧，首先，你觉得瓶子对桌子施加力了吗？
有重力作用在水和瓶子上，桌子受到它们带来的压力吧。
那你觉得瓶中的水有没有对瓶子施加压力呢？
那……也有吧。

G

对，瓶子里的每一滴水都会受到重力，水向下压，挤在一起，水中的物体和瓶壁都会受到来自四面八方的压力。

给你看个有趣的现象，我戳。

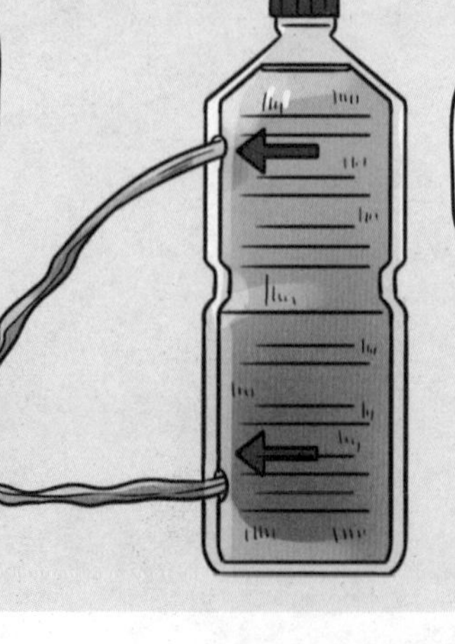
两股水流，上面流得近而缓，下面远而急，说明下面的水压更大。

这是因为水越深，上面受到重力影响的水越多，压力就会变得越大。

在水这样的液体中，各个方向都有压力，在同一液体深度，压强的大小是相同的。

深度越深，压强越大。
并且这个随深度变化的水压可是非常夸张的。

水深的压强是成倍增长的，也就是水深增加1倍，压强也会增加1倍。10米的水深的压强就是1米水深压强的10倍呢。
打个比方，你在水深1米时，身上像背了5千克米。
我的天哪！
等你到1000米深时，身上的压力就变成一辆5吨重的小卡车了。

除了深度之外，液体压强还与液体的密度有关。海水的含盐量大，密度比淡水要高，所以海水水压要更大呢。
动

那生活在深海的鱼类怎么没有被水压扁呢？

因为深海鱼有特殊的身体构造，它们的体内也有水，这样内外的压强抵消，就不会被压扁了。
但是我们可没有那种身体构造，潜水员需要穿特殊的抗压潜水服才能到深海，到更深的地方还要利用更加抗压的潜艇。

所以以你这样的装备就想去深海，还没潜多深，可能就被压扁了。
啊？太可怕了。

我的宏伟计划又泡汤了。

运用液体压强的好方法

明白液体压强的原理后，人们可以更好地考虑应对它的办法。比如在修建水坝时，将深处的堤坝修得更加宽厚，以保证安全应对更大的水压。那对于水压，我们有什么好的利用手段吗？有！我们身边就有一种非常常见的应用方式——连通器。

液面高度一致的连通器

这种上端开口、下端相通的容器就叫连通器。在里面加入液体，你会发现一个奇妙的现象——无论连通器上端造型是什么样的，它们的液面高度总是相同的。

这是因为液体的压强只与液体的密度和深度有关，在连通器的下端，它们彼此相通，所以压强都相同，液体的高度也就相同了。

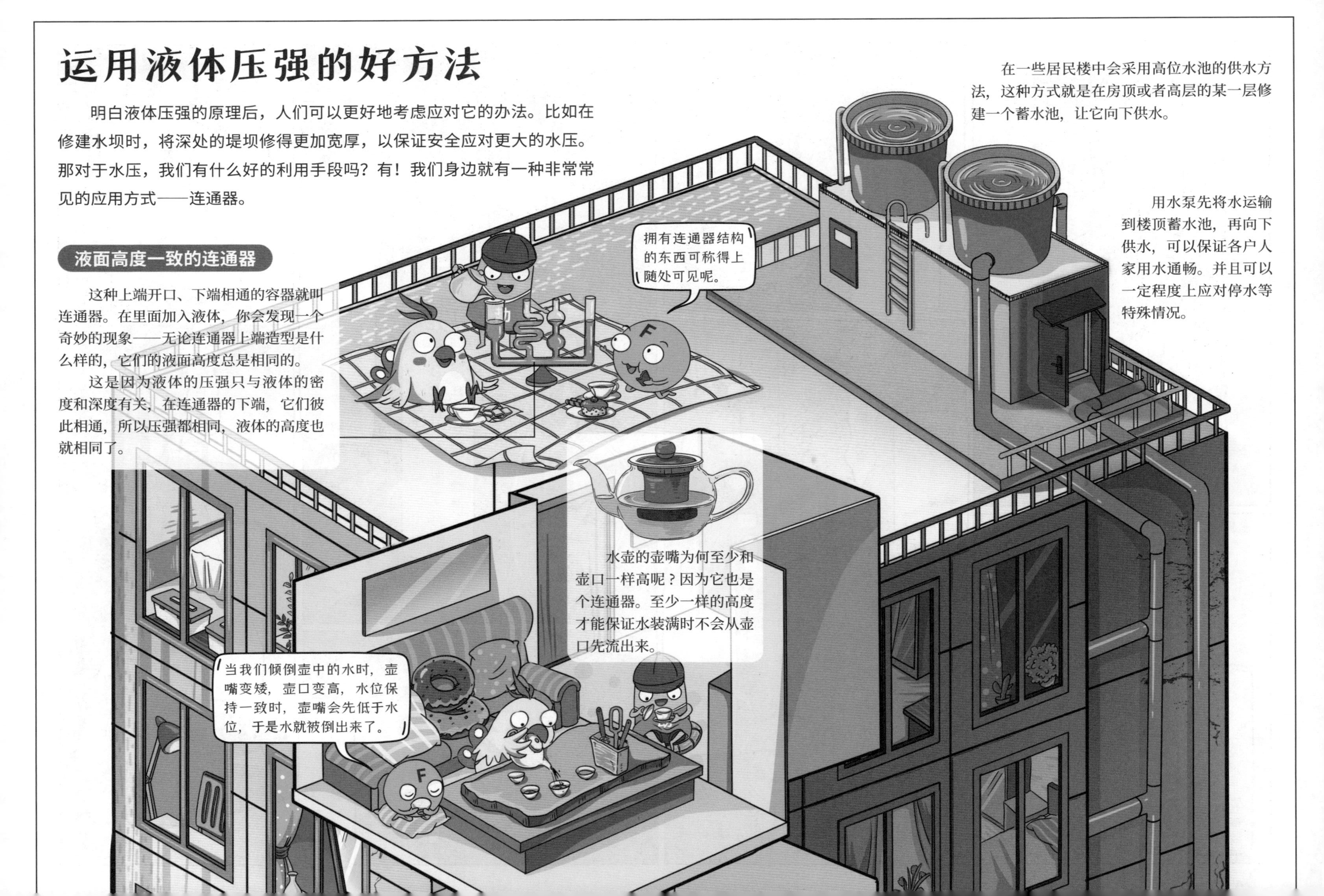

拥有连通器结构的东西可称得上随处可见呢。
当我们倾倒壶中的水时，壶嘴变矮，壶口变高，水位保持一致时，壶嘴会先低于水位，于是水就被倒出来了。

水壶的壶嘴为何至少和壶口一样高呢？因为它也是个连通器。至少一样的高度才能保证水装满时不会从壶口先流出来。

在一些居民楼中会采用高位水池的供水方法，这种方式就是在房顶或者高层的某一层修建一个蓄水池，让它向下供水。

用水泵先将水运输到楼顶蓄水池，再向下供水，可以保证各户人家用水通畅。并且可以一定程度上应对停水等特殊情况。

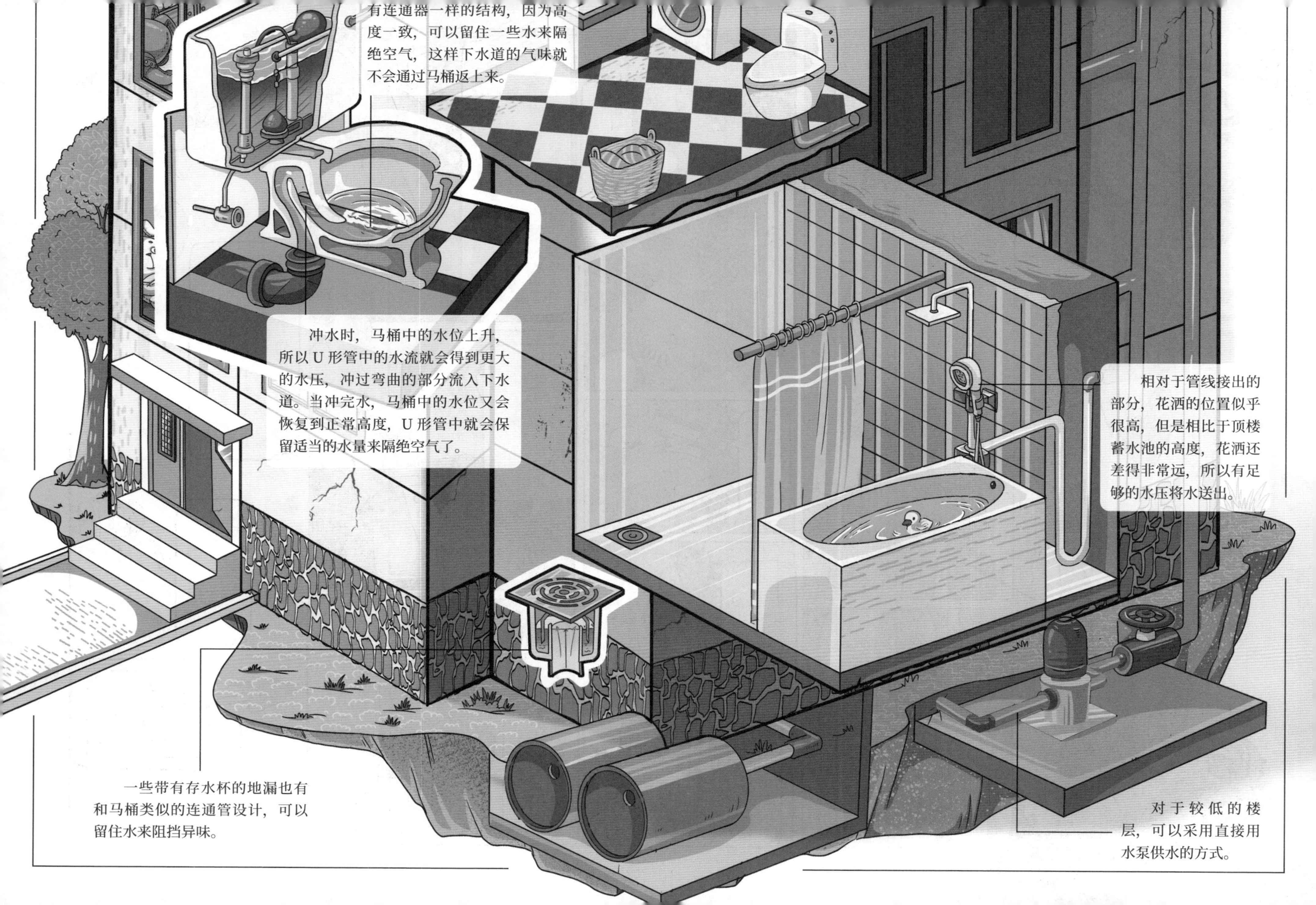
有连通器一样的结构，因为高度一致，可以留住一些水来隔绝空气，这样下水道的气味就不会通过马桶返上来。
冲水时，马桶中的水位上升，所以U形管中的水流就会得到更大的水压，冲过弯曲的部分流入下水道。当冲完水，马桶中的水位又会恢复到正常高度，U形管中就会保留适当的水量来隔绝空气了。
相对于管线接出的部分，花洒的位置似乎很高，但是相比于顶楼蓄水池的高度，花洒还差得非常远，所以有足够的水压将水送出。
一些带有存水杯的地漏也有和马桶类似的连通管设计，可以留住水来阻挡异味。
对于较低的楼层，可以采用直接用水泵供水的方式。

一直在身边的大气压

忙了这么久，终于能放松一下啦。
大海真美啊。
喝杯冷饮太惬意了。
他又在搞什么呢？

这饮料真坑人！喝了点就怎么都喝不到了！
那是因为你喝的方法不对，没有正确利用气压。你看，他就没问题。

气压？空气还有压力吗？

大气压强
对，准确地说叫大气压强，简称气压或大气压。

可流动的水因为受到重力，所以对各个方向都有压力吧。

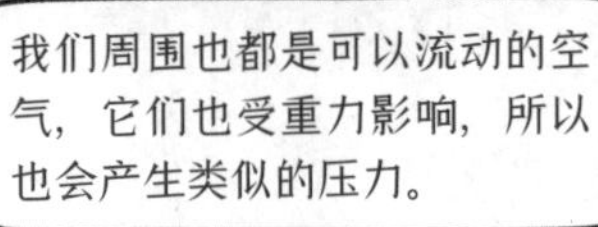
我们周围也都是可以流动的空气，它们也受重力影响，所以也会产生类似的压力。

你吸饮料，是降低了嘴里的气压，这样瓶子中的气压高，饮料就跑到嘴里了。

可是你刚才喝饮料的方式，用嘴把瓶子周围都堵住了。这样瓶子中无法进入新的空气，在你吸气到一定程度后，瓶子中的气压已经无法再变化了，嘴里和瓶中的气压相同，所以没有空气把饮料再推到你嘴中。

再比如你以为用吸管喝水时，是你把水用吸管吸上来的吧。

其实是大气压帮你把水推上来的哟。你吸吸管，会让吸管中的气压变小，这样周围的气压就大于吸管中的气压，空气压动液体向吸管中移动，你就喝到水了。

空气的压力很大呢，因为覆盖在地球上的空气非常厚。
就以海面上1平方米的面积来说，它所承受的空气压力约为10万牛，相当于一辆大卡车的重力。
那我们岂不是早就被压扁了吗？
你还记得深海的鱼吗？我们也一样，平时我们身体中也有空气，所以气压是平衡的，你就感觉不到来自空气的压力啦。
地球的引力让空气聚集在地球周围，在远离地球的太空中没有空气，是真空状态。如果航天员没有穿航天服的话，体内的气压就会把身体撑爆。
最开始有科学家提出气压和真空的概念时，也有很多人不相信。于是当时罗马帝国马德堡市市长奥托·冯·格里克就做了一个举世闻名的实验。
他铸造了两个黄铜的半球，中间可以垫上橡胶的密封圈。他让人把两个半球装满水再合并到一起，把其中的水抽掉在球内形成真空状态。
之后他让人用八匹大马，从两头拉这两个半球，都很难把球拉开，这证明了大气压的存在和它巨大的压力。
认识到气压后，科学家们做了大量的实验去了解它，伽利略的学生埃万杰利斯塔·托里拆利制作出了第一个水银气压计。
人们对气压进行测量，发现高度越高，气压越低，这是因为越高的地方空气就越稀薄。
没想到喝杯饮料，让我了解了这么厉害的知识。

大气压的神奇应用

气压的变化会带来很多有趣的现象，例如我们身边吹过的风，就是由气压引起的。空气从高气压区域移动到低气压区域就产生了风。人类制作的很多工具都利用了气压的变化。

吸走空气的吸尘器

真空吸尘器

真空吸尘器是靠降低吸尘器内的气体压强来工作的。

工作时，真空吸尘器中的电机驱动风扇转动，将吸尘器内的空气从排风口排出，吸尘器内的气体压强降低。

当吸尘器内部的气体压强降低时，外部较高的气压会将空气推入吸尘口，从而将尘土和垃圾带入吸尘器。

吸入的空气、尘土和垃圾会通过集尘袋，集尘袋会过滤通过的空气，将尘土和垃圾留在其中。

立式吸尘器

立式吸尘器的工作原理也是用排出空气、降低内部气体压强的方式来吸尘。

很多立式吸尘器的进气口处安装有旋转毛刷，它可以拍打地毯，让灰尘更容易被清理出来。

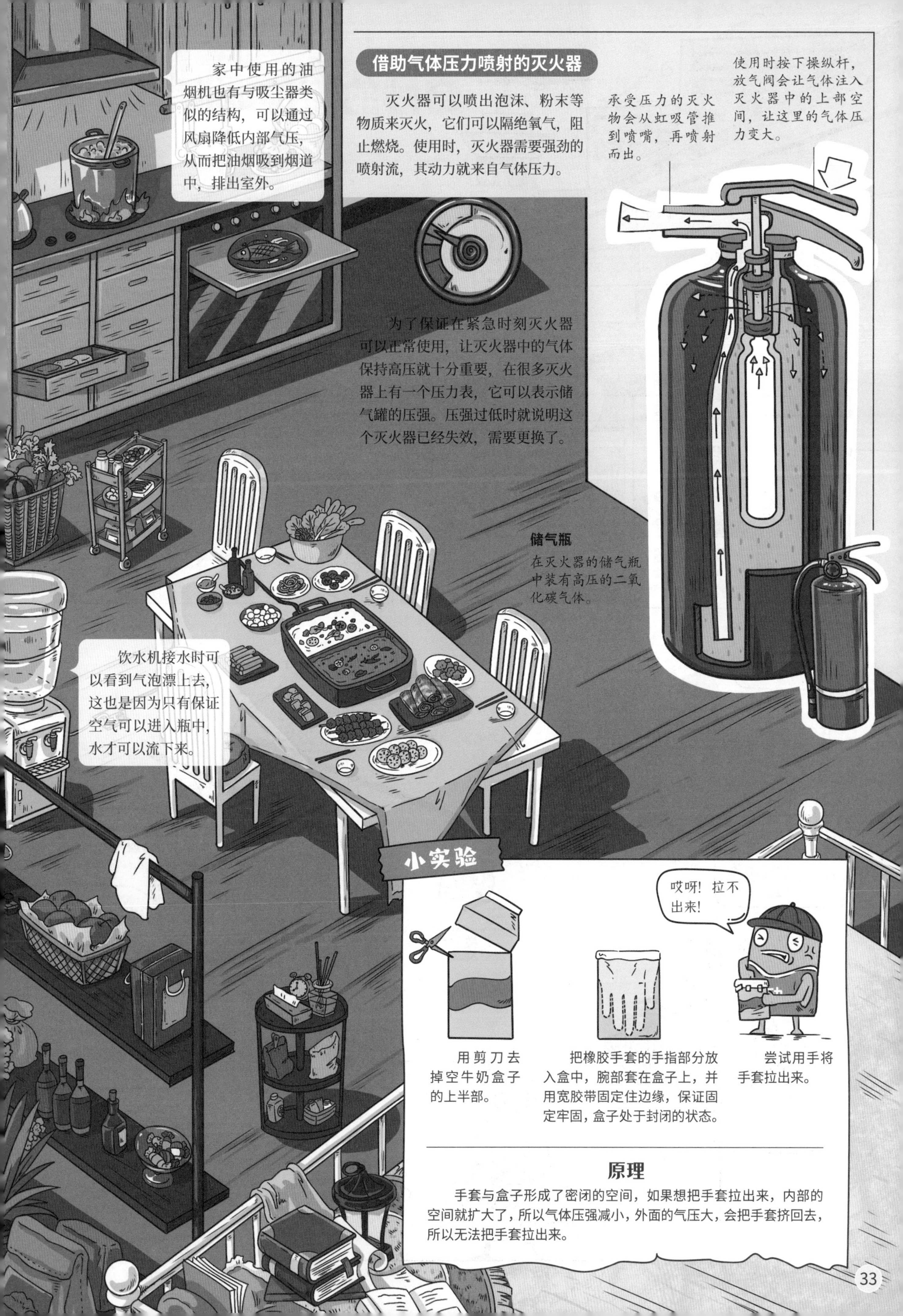

家中使用的油烟机也有与吸尘器类似的结构，可以通过风扇降低内部气压，从而把油烟吸到烟道中，排出室外。

借助气体压力喷射的灭火器

灭火器可以喷出泡沫、粉末等物质来灭火，它们可以隔绝氧气，阻止燃烧。使用时，灭火器需要强劲的喷射流，其动力就来自气体压力。

承受压力的灭火物会从虹吸管推到喷嘴，再喷射而出。

使用时按下操纵杆，放气阀会让气体注入灭火器中的上部空间，让这里的气体压力变大。

为了保证在紧急时刻灭火器可以正常使用，让灭火器中的气体保持高压就十分重要，在很多灭火器上有一个压力表，它可以表示储气罐的压强。压强过低时就说明这个灭火器已经失效，需要更换了。

储气瓶

在灭火器的储气瓶中装有高压的二氧化碳气体。

饮水机接水时可以看到气泡漂上去，这也是因为只有保证空气可以进入瓶中，水才可以流下来。

小实验

用剪刀去掉空牛奶盒子的上半部。

把橡胶手套的手指部分放入盒中，腕部套在盒子上，并用宽胶带固定住边缘，保证固定牢固，盒子处于封闭的状态。

尝试用手将手套拉出来。

原理

手套与盒子形成了密闭的空间，如果想把手套拉出来，内部的空间就扩大了，所以气体压强减小，外面的气压大，会把手套挤回去，所以无法把手套拉出来。

奇妙的流体速度与压强

亲眼看飞机起飞果然很壮观啊。
是啊，那么大的机器，呼的一下就飞到天上去了。
你这么认真在想什么呢？
飞机只是向前跑而已怎么就飞起来了呢？它又没有拍打翅膀。
因为它是利用流体速度和压强飞上天的。
我用这两个小纸旗给你演示一个有意思的现象。
我让这两个旗子垂直并排放置，如果往中间吹气你觉得会发生什么？
旗子被吹开？
呼
啊？旗子靠在一起了！
里面的小伙伴被吹跑了，我们冲啊！
因为旗子中间的空气被吹得流动起来，中间的空气流动速度大，气体压强就会变小，两边气体的压强较大就把旗子往中间推了。
怎么会这样呢？
啊，被吹跑了。

空气可以流动。

水也可以。
F

物理学中……
对这类物质有个称呼……

流 体
它们都叫流体。

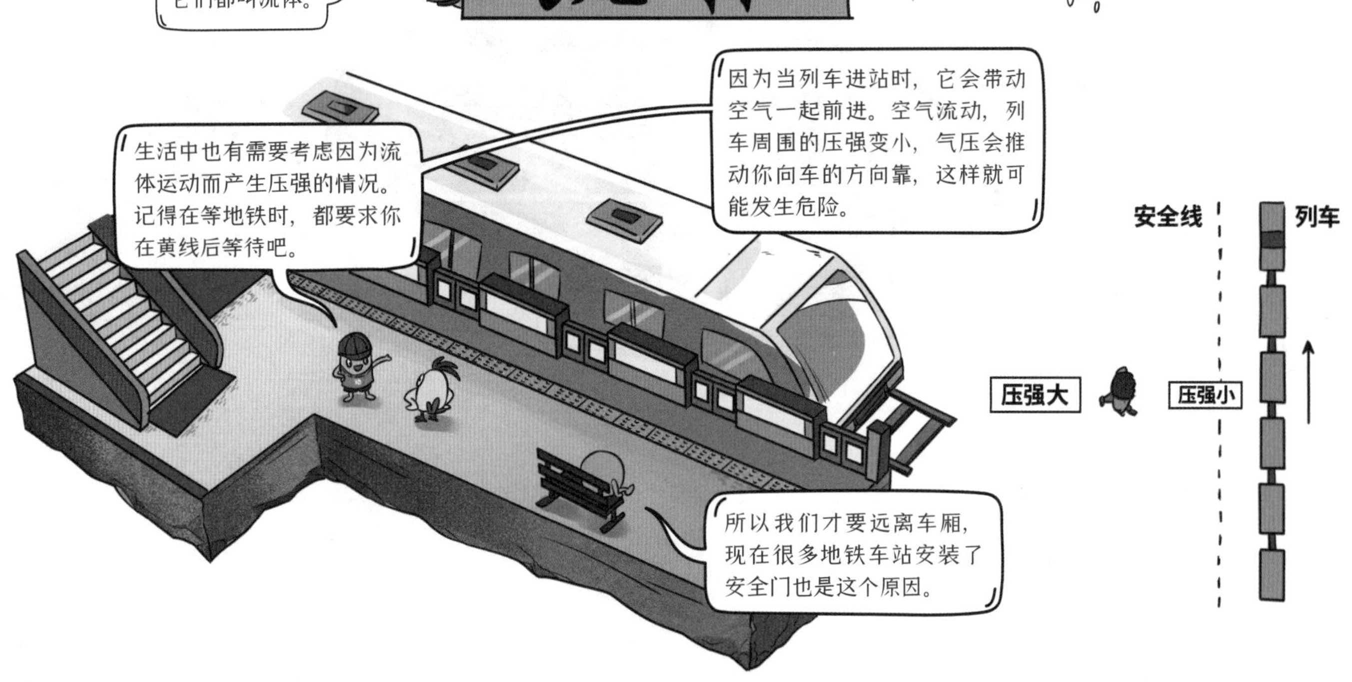
生活中也有需要考虑因为流体运动而产生压强的情况。记得在等地铁时，都要求你在黄线后等待吧。
因为当列车进站时，它会带动空气一起前进。空气流动，列车周围的压强变小，气压会推动你向车的方向靠，这样就可能发生危险。
安全线
列车
压强大
压强小
所以我们才要远离车厢，现在很多地铁车站安装了安全门也是这个原因。

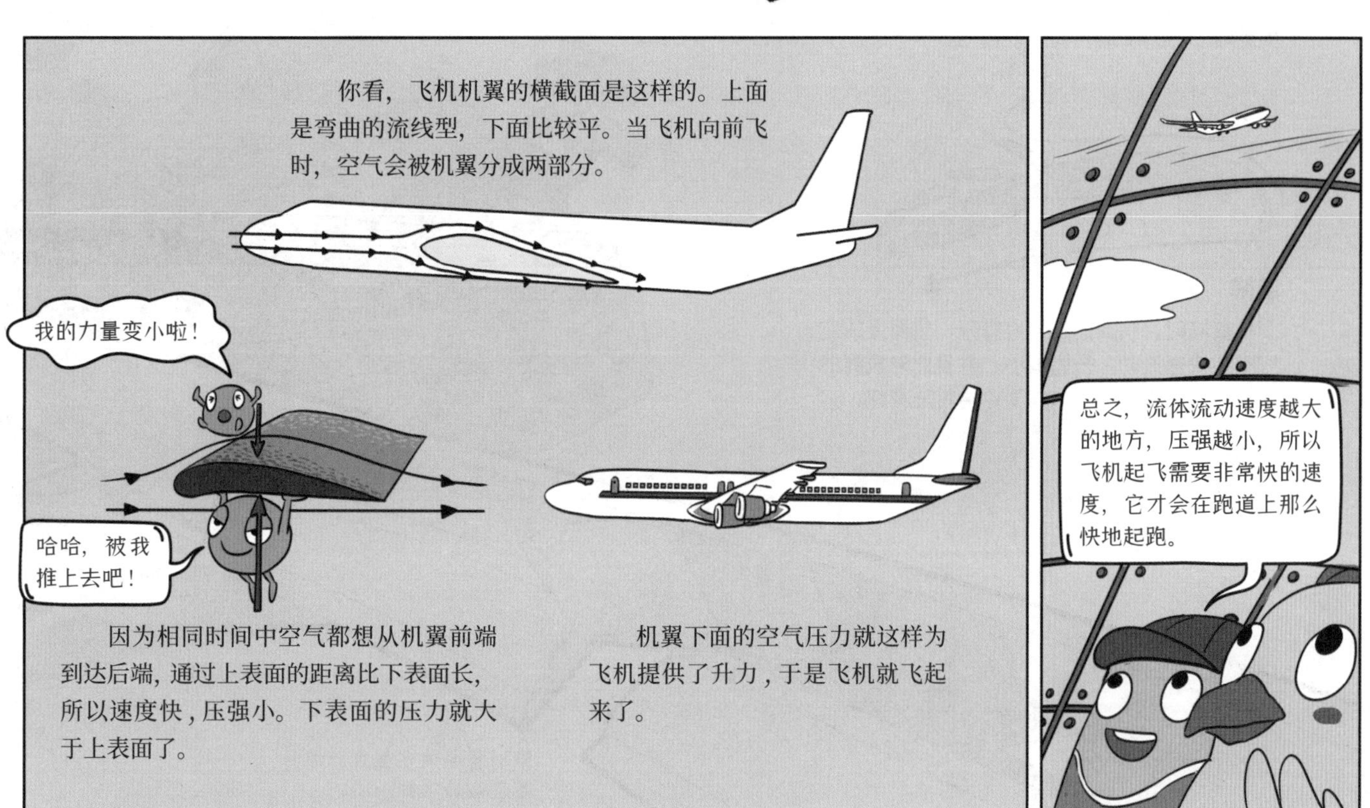
你看，飞机机翼的横截面是这样的。上面是弯曲的流线型，下面比较平。当飞机向前飞时，空气会被机翼分成两部分。
我的力量变小啦！
哈哈，被我推上去吧！
因为相同时间中空气都想从机翼前端到达后端，通过上表面的距离比下表面长，所以速度快，压强小。下表面的压力就大于上表面了。
机翼下面的空气压力就这样为飞机提供了升力，于是飞机就飞起来了。
总之，流体流动速度越大的地方，压强越小，所以飞机起飞需要非常快的速度，它才会在跑道上那么快地起跑。

飞机是怎么飞行的

现代的飞机通常由一对机翼来产生升力，依靠发动机产生前进的动力。除了特殊的造型之外，飞机的机翼上还有很多设计，以便更好地利用流体速度来控制飞机。同时，飞机还可以用襟翼（副翼）和方向舵来控制飞机飞行的姿态和方向。

巨大而复杂的客机机翼

体形庞大的客机无论在空中还是地面都要承受巨大并且不断变化的力，所以大型客机都有着复杂的襟翼。

襟翼有四种基本类型，包括前缘襟翼、后缘襟翼、扰流片和辅助翼。前缘襟翼和后缘襟翼分别是机翼的前端和后端的组成部分，它们可以展开来改变机翼的面积，让机翼产生更大的升力或阻力。

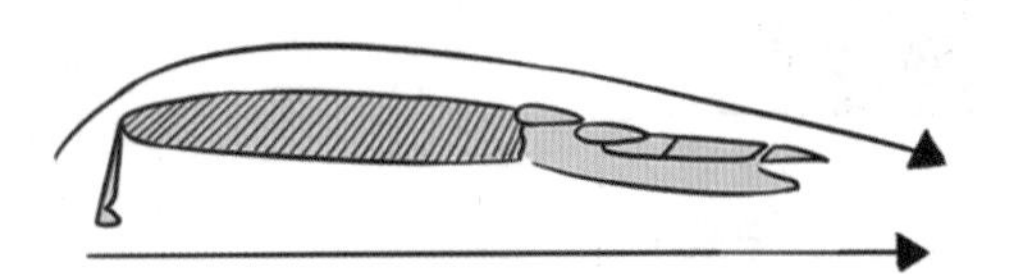

起飞

起飞时，前缘襟翼展开，后缘襟翼升高，机翼面积增大。机翼上的空气需要更快地移动到后端，升力增加，有助于起飞。

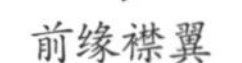

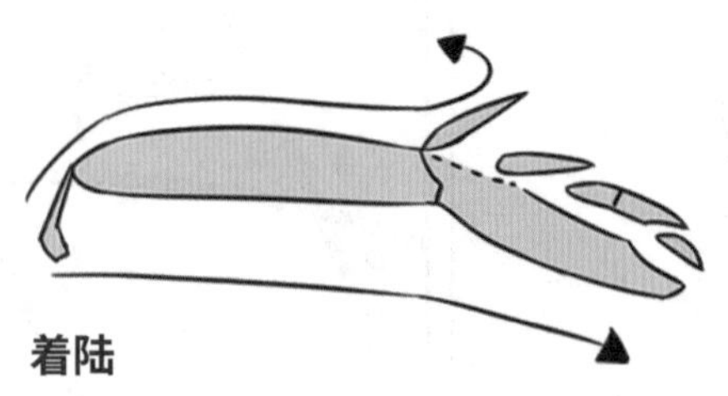

着陆

着陆时，机翼的扰流片打开，机翼上的空气不能快速流动，升力减小。并且此时机翼的形状会把飞机向下压，方便轮胎着陆减速。

扰流片位于机翼顶端，它可以升高展开以增加阻力、减小升力。

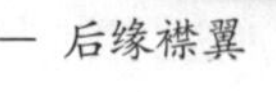

辅助翼安装在机翼后缘，用于翻转飞机。

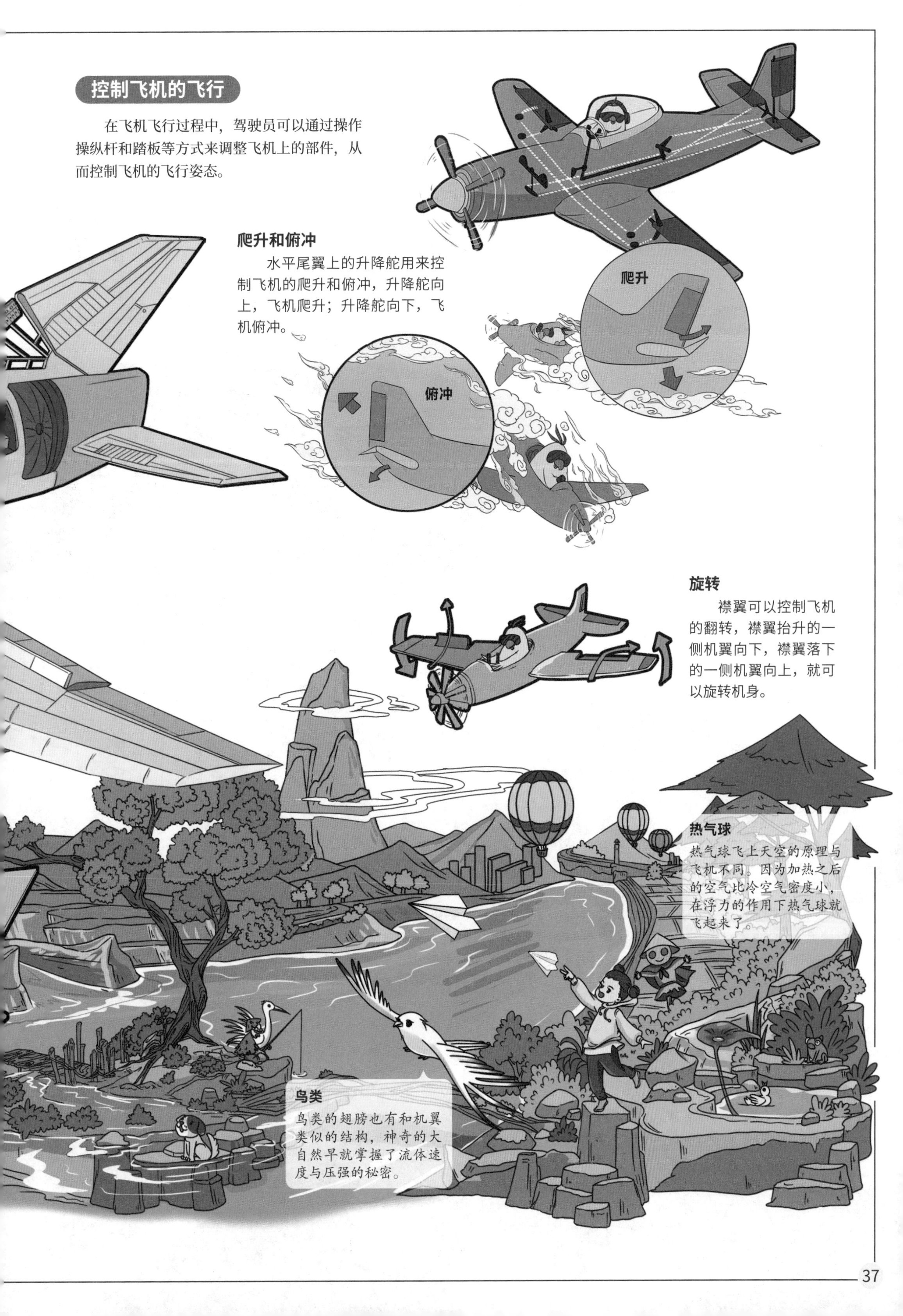

控制飞机的飞行

在飞机飞行过程中，驾驶员可以通过操作操纵杆和踏板等方式来调整飞机上的部件，从而控制飞机的飞行姿态。

爬升和俯冲

水平尾翼上的升降舵用来控制飞机的爬升和俯冲，升降舵向上，飞机爬升；升降舵向下，飞机俯冲。

旋转

襟翼可以控制飞机的翻转，襟翼抬升的一侧机翼向下，襟翼落下的一侧机翼向上，就可以旋转机身。

热气球

热气球飞上天空的原理与飞机不同。因为加热之后的空气比冷空气密度小，在浮力的作用下热气球就飞起来了。

鸟类

鸟类的翅膀也有和机翼类似的结构，神奇的大自然早就掌握了流体速度与压强的秘密。

直升机飞行的奥秘

直升机也是一种常见的飞行器，从外表看它与有固定翼的飞机完全不同，其实如果仔细研究为它提供升力的旋翼，就会发现它与飞机的机翼设计原理相似。

尾部旋翼

单旋翼的直升机主旋翼旋转时，会产生一种让机身向相反方向旋转的力量。这会让飞机原地转圈，无法控制。在尾部加上旋翼可以平衡这种力量，稳住机身，还可以控制转向。

单旋翼直升机

旋翼的工作方式

我们知道直升机是通过旋转的旋翼来起飞的，但你知道它如何做出复杂的飞行动作吗？其实旋翼有复杂的结构，可以让旋翼和旋翼的桨叶做出细微的角度调整，从而让直升机灵活飞行。

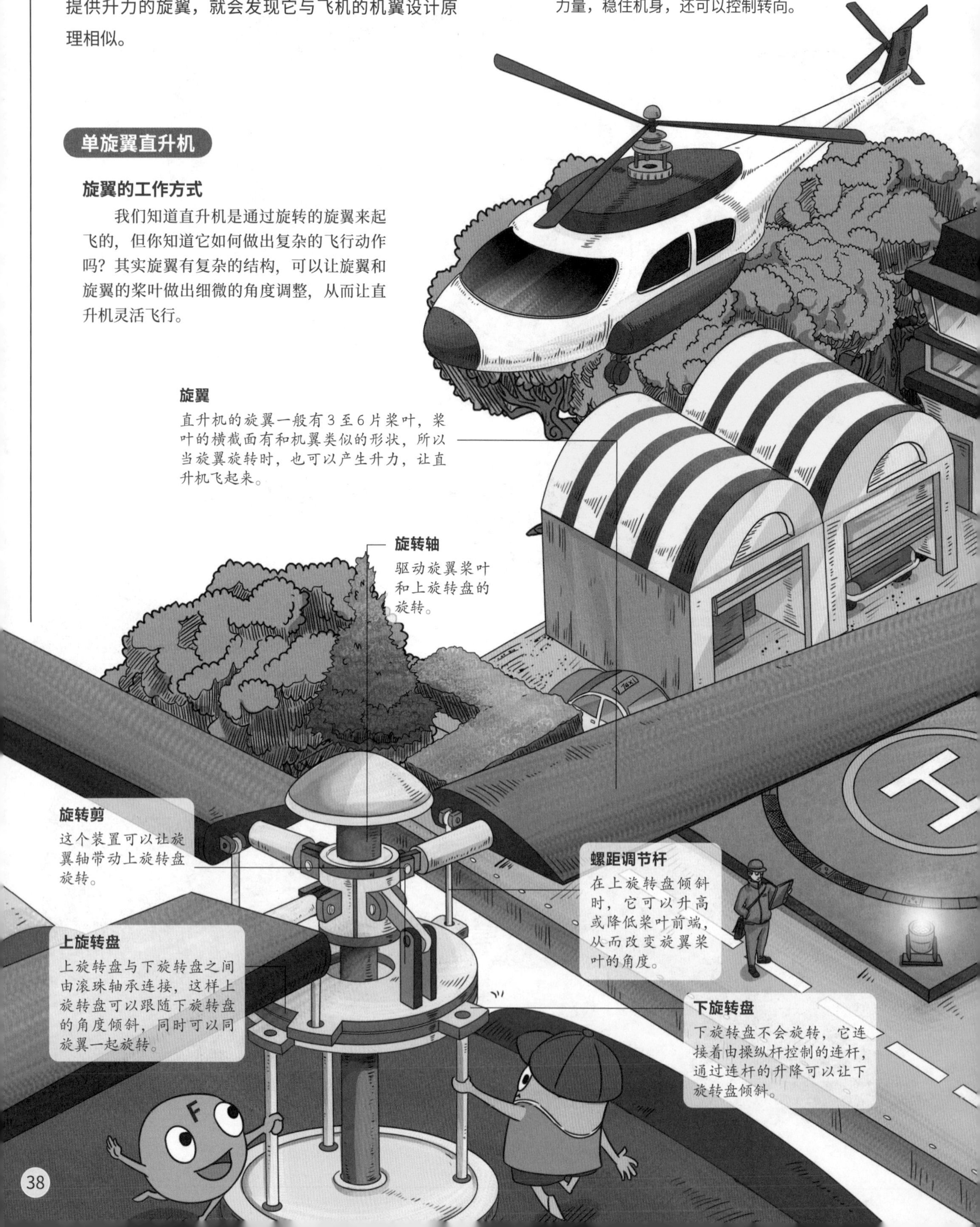

旋翼

直升机的旋翼一般有3至6片桨叶，桨叶的横截面有和机翼类似的形状，所以当旋翼旋转时，也可以产生升力，让直升机飞起来。

旋转轴

驱动旋翼桨叶和上旋转盘的旋转。

旋转剪

这个装置可以让旋翼轴带动上旋转盘旋转。

螺距调节杆

在上旋转盘倾斜时，它可以升高或降低桨叶前端，从而改变旋翼桨叶的角度。

上旋转盘

上旋转盘与下旋转盘之间由滚珠轴承连接，这样上旋转盘可以跟随下旋转盘的角度倾斜，同时可以同旋翼一起旋转。

下旋转盘

下旋转盘不会旋转，它连接着由操纵杆控制的连杆，通过连杆的升降可以让下旋转盘倾斜。

悬停

此时旋转盘保持水平，旋翼桨叶的角度也相同，直升机有稳定的升力，在一定高度可保持位置基本不变。

垂直上升

上升时，旋转盘会水平上移，提高旋翼桨叶的前端，增大旋翼桨叶角度，使升力加大。

向前飞行

向前飞行时，旋转盘会前倾，旋翼桨叶的角度也会随着改变。这会让旋转到后端的桨叶产生比前端更大的升力，让飞机前倾并向前飞。

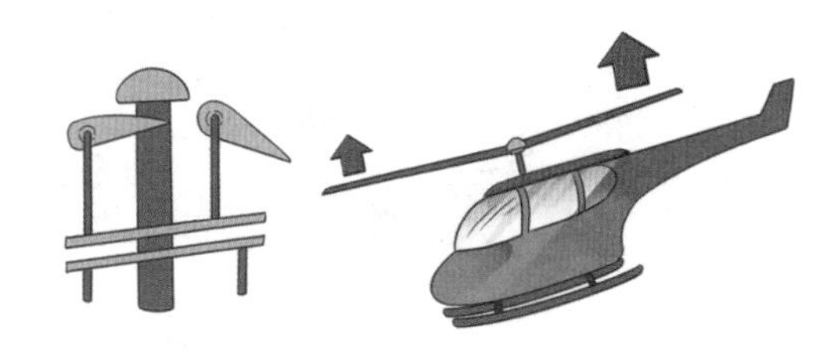

向后飞行

向后飞行时的情况与向前飞行相反，旋转轴前端升力大，后端升力小，所以直升机后倾，向后飞。

一些大型直升机会采用双旋翼的设计，这样可以提供更大的升力。因为它前后旋翼的旋转方向是相反的，就不会出现单旋翼直升机机身旋转的问题，所以也不需要安装尾部旋翼。

水中的神秘力量——浮力

热死我了。

还是水里凉快。

咦？身体进入水中之后好像变轻了。
而且水越深，似乎变得越轻，在水里跳也好省力。

为什么套着救生圈的人和船可以浮在水面上呢？难道有谁在托着他们吗？

那就是我——浮力。
浮

要是没有我，重力早就把你拉到水下了。

不过进入水中的物体会得到我们浮力的帮助，我们是在水中把物体向上推的力。

任何浮在水面上的物体都是因为我——浮力提供了一个向上的力，与向下的重力处于平衡的状态。

我会这样无私地帮助水里的物体，是因为不同深度水中的压强不同。水越深，压强越大，所以物体下端来自水的压力总大于上端，就产生了浮力。

那沉入水底的东西就没有浮力帮助吗？
浮
只要进入水中的物体我都会帮它，只可惜有时我们没有重力大，物体就沉下去了。

虽然物体一旦进入液体中就会受我的影响，但人们最早并没有真正认识我，直到一位古希腊的伟大科学家发现了我，他就是阿基米德。

据说在古希腊西西里岛的叙拉古，希伦王命令一个匠人制作一顶纯金的王冠。王冠做成后，希伦王担心王冠并非纯金。

于是希伦王找阿基米德来鉴定。

阿基米德冥思苦想，也没有想到在不破坏王冠的前提下鉴定的办法。

那时的古希腊人都很喜欢洗澡，于是阿基米德决定洗个澡放松一下再继续想办法。

当他进入装满水的浴缸时，水一下从浴缸边溢了出来。阿基米德看到这个景象忽然茅塞顿开，欢呼着“我懂了！”冲了出去。

阿基米德制作了一个金锭和一个银锭，都与王冠的重量相等。然后，他把金锭和银锭分别放入注满水的容器中，称量溢出水的重量，结果银锭溢出的水量比金锭多。

如果王冠是纯金制作，那么把它放入水中后溢出的水量应该与金锭相同。结果放入王冠所溢出的水量超过了金锭，证明匠人在制作王冠的过程中作假了。

由此，阿基米德发现了浮力。通过进一步的实验，人们还知道了物体在液体中会受到向上的浮力，这个浮力的大小与排开液体所受的重力相等。人们把这称为阿基米德原理。

通过阿基米德的实验，我们不难看出，物体在液体中所受的浮力与浸入液体中的物体体积有关，浸入液体的体积大，排出的液体自然也更多。

我们可以找一个鸡蛋放入水杯中，一开始鸡蛋可能会沉入水底。然后逐渐向水里加盐，你就会发现鸡蛋会慢慢浮起来，悬浮在水中。这是因为加入盐的水密度不断变大，它所产生的浮力也变大了。浮力也与液体密度有关。

浮力的应用

你知道吗，高大沉重的海上油井居然是漂浮着的，坚固的钢铁巨轮也并没有因为太重而沉入海底，身形庞大的白鲸居然能自由地上浮和下沉……太神奇了，这就是浮力的作用。让我们一起看看藏在我们身边的浮力吧！

浮在水面的工作台

一些钻井平台也是靠浮力浮在海面上的，人们用锚索把它固定在海洋上，来进行开采工作。

鱼也会“溺水”

鱼的体内有一个器官叫鱼鳔，鱼可以通过控制其吸气和放气来调节自己所受的浮力，从而让自己上浮和下沉。鱼用鱼鳔调节沉浮的能力是有限的，如果它下沉过深，水压会使它无法再向鱼鳔内充气，于是鱼就无法上浮，“淹死”在水底。

正常的鱼

溺水的鱼

海上的船舶有一部分船体在水下，这部分被称为“吃水”，在水下的船身所受的浮力等于船所受的重力，所以船可以浮在水面上。

神出鬼没的“水下幽灵”

人类利用浮力的原理，制造出了能自由穿梭在海里的“钢铁大鱼”——潜艇。作为武器，潜艇不仅能在水下躲避敌人的攻击，而且能悄无声息地击沉水面船只。

潜艇的沉浮原理

潜艇上有载水仓，通过调节其中的载水量，潜艇可以调节自己所受的重力，从而达到上浮和下沉的目的。

当潜艇想要下沉时，它会排出空气并打开载水仓让水进入，这样潜艇变重，受到的重力变大，潜艇受的重力大于它所受的浮力，就会下沉。

当潜艇想要上浮时，它会用压缩空气将水从载水仓挤出去，潜艇受到的重力变小，重力小于它所受的浮力，潜艇上浮。

鲸鱼的骨骼柔软，它可以压缩身体和肺部，减小浮力潜入水中。

一些海洋养殖场依靠浮力浮在水面。

帆船也用相同的原理浮在水面，不过它前进的动力是风吹到船帆上的推力。

救生圈的体积很大，能够产生较大的浮力。

在船的尾部有螺旋桨，螺旋桨旋转时可以把水向后推，用推水的反作用力让船向前行驶。

小实验

自制一个听话的沉浮器

找一个比较软的塑料眼药瓶，在里面加入一点水，放在水杯中。反复调整眼药瓶中的水量，让它可以保持在贴近水面的位置，封好眼药瓶。

把密封好的眼药瓶放入一个灌了水的大饮料瓶中，盖好盖子。

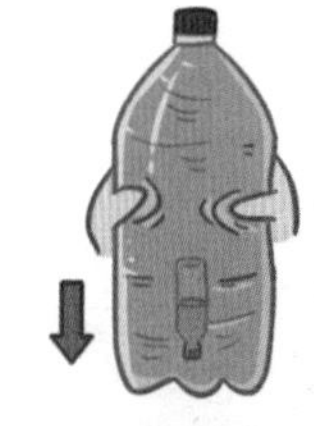

想让眼药瓶下沉就用力捏饮料瓶，想要让眼药瓶上浮就松开饮料瓶。你会发现眼药瓶变成了一个听话的沉浮器。快开始你的表演吧！

原理

用力挤压饮料瓶时，压力会通过水传到眼药瓶上，眼药瓶中的空气就被压缩了。眼药瓶的体积变小，所受的浮力也变小，于是开始下沉。当手松开时，眼药瓶的体积又会恢复，浮力变大，于是就浮了起来。